謎樣的魚～
曼波魚

目錄

前言

你聽過曼波魚嗎？ 你知道牠外型、 習性嗎？ 歡迎您來到曼波魚的故鄉『 新城鄉 』！ 新城物產豐盛， 其中最特別的就是～ 曼波魚！ 在新城鄉的大街小巷， 都看得到 『 曼波新城 』 這個名稱。 新城鄉的每個村落， 也都換上了可愛的曼波魚標誌呢！ 曼波魚究竟有甚麼迷人的魅力呢？ 牠到底是何種生物？ 請跟我們一起探訪曼波魚的秘密！

一、 Mola mola · 翻車魚 · 曼波魚

牠像一隻游泳的魚頭，
在海中悠游自得，
在海中翩然起舞～

(一)曼波魚在生物中的地位

	脊索動物亞門	Subphylum vertebrata
↓	輻鰭魚綱	Actinopterygii
↓	新鰭魚亞綱	Neoterygii
↓	魨形目	Teraodontifarms
↓	魨亞目	Teranotoidel
↓	翻車魨科	Molidae
	翻車魨屬	Mola

翻車魨　Mola mola
矛尾翻車魨　Masturus lanceolatus
斑點長翻車魨　Ranzania laevis

(二)在台灣的名字

曼波魚在台灣最初叫作翻車魚，民眾常常看見牠翻躺在水面如在做日光浴而以「翻車」的名字來形容牠。

2002年花蓮漁業單位結合觀光單位促銷翻車魚漁產，舉辦了一場「翻車魚盛宴」活動，後來又因為「翻車」名被認為不吉利（中文意思：吃了恐怕發生翻車意外），所以漁業單位再舉辦一場「為翻車魚更名、徵名」活動，名稱五花八門！有太陽魚、月亮魚、曼波魚、大頭魚等等，由民眾票選。最後「曼波魚」這個名稱最高票當選！

(三)世界各地的名字

地點	名稱	原因
台灣	蜇魚	因主食水母（水母稱「蜇」，「蜇」河洛音似「鐵」）
	干貝魚	肉色雪白、肉質清嫩饕客美其名為「干貝魚」
	魚過	因為魚形似一般魚體斷了後尾部半截，討海人直呼為「魚截」（「截」河洛音似「過」ㄍㄨㄟˋ）
	魚粿	每當漁民抓起牠，那圓圓柔軟的身軀像極了一大塊攤在甲板上的紅龜粿
西班牙	Mola mola	Mola拉丁文的意思是石磨，當曼波魚躺在水面時，好像是一個石磨一樣
法國	月魚	喜歡側身躺在海面之上，在夜間的海上反射月光發出微微光芒，於是法國人叫牠「月光魚」
美國	太陽魚	喜歡側身躺在海面之上，在白天讓陽光照耀散發光芒，好像是海中的「太陽」
德國	游泳的頭	尾巴短小，卻有著圓圓扁扁的龐大身軀，以及大大的眼和嘟起的嘴，可愛的模樣像一個卡通人物，於是德國人稱牠「游泳的頭」
日本	曼波魚	在海中游泳時，好像在跳曼波舞一樣有趣，於是日本人稱為「曼波魚」

二、曼波魚的分類

曼波魚的種類，
共有三種！

(一)翻車魨

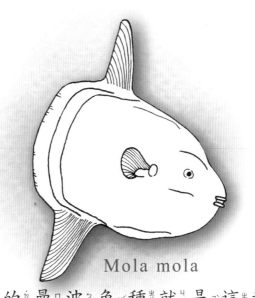

Mola mola

在國外，最常見的曼波魚種就是這種「翻車魨」，也就是大家所稱的「Mola mola」。這種魚類看起來好像是「切尾留頭」，留下了一個小小的嘴巴！牠有圓形的尾鰭，堅硬的表皮，表皮上有許多黏液。而在牠的表皮上有許多寄生蟲。

如何判別Mola mola呢？其實只要看看牠的尾鰭，是「圓圓的、有弧度的」，就能夠判別了！最大的翻車魨，記錄體重為2235公斤，長度為3.1公尺高度為3.5公尺，是世界體重最重的硬骨魚。

(二)矛尾翻車魨

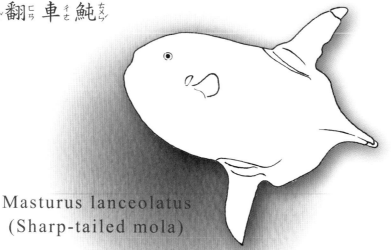

Masturus lanceolatus
(Sharp-tailed mola)

「矛尾翻車魨」的體型，也和翻車魨一樣，可以長到很大。牠的身體表皮比較光滑（但是還是很粗），比起Mola mola有比較少的寄生蟲。外型上和Mola mola不一樣的地方是尾鰭。

怎麼判斷是矛尾曼波呢？只要看牠的尾鰭：有突出來的、是尖尖的，就可以說是矛尾翻車魨了。另外要提的是：國外常見的是「Mola mola」，但在花蓮七星潭捕的多以「矛尾翻車魨」為主。

(三ㄙㄢ)斑ㄅㄢ點ㄉㄧㄢˇ長ㄔㄤˊ翻ㄈㄢ車ㄔㄜ魨ㄊㄨㄣˊ

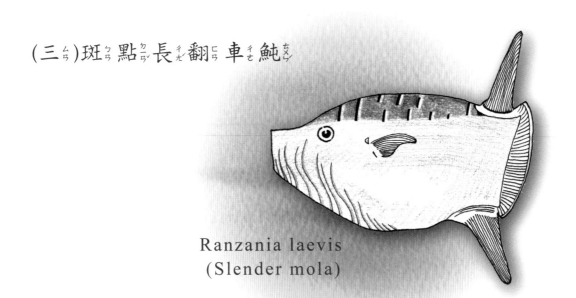

Ranzania laevis
(Slender mola)

和ㄏㄜˊMola mola不ㄅㄨˋ同ㄊㄨㄥˊ的ㄉㄜ˙是ㄕˋ，斑ㄅㄢ點ㄉㄧㄢˇ長ㄔㄤˊ翻ㄈㄢ車ㄔㄜ魨ㄊㄨㄣˊ的ㄉㄜ˙體ㄊㄧˇ型ㄒㄧㄥˊ較ㄐㄧㄠˋ小ㄒㄧㄠˇ。

斑ㄅㄢ點ㄉㄧㄢˇ長ㄔㄤˊ翻ㄈㄢ車ㄔㄜ魨ㄊㄨㄣˊ比ㄅㄧˇ較ㄐㄧㄠˋ少ㄕㄠˇ見ㄐㄧㄢˋ，而ㄦˊ且ㄑㄧㄝˇ牠ㄊㄚ的ㄉㄜ˙身ㄕㄣ體ㄊㄧˇ和ㄏㄜˊMola mola和ㄏㄜˊ矛ㄇㄠˊ尾ㄨㄟˇ翻ㄈㄢ車ㄔㄜ魨ㄊㄨㄣˊ比ㄅㄧˇ起ㄑㄧˇ來ㄌㄞˊ擁ㄩㄥ有ㄧㄡˇ多ㄉㄨㄛ種ㄓㄨㄥˇ顏ㄧㄢˊ色ㄙㄜˋ。

牠ㄊㄚ的ㄉㄜ˙皮ㄆㄧˊ膚ㄈㄨ比ㄅㄧˇ較ㄐㄧㄠˋ平ㄆㄧㄥˊ滑ㄏㄨㄚˊ，而ㄦˊ且ㄑㄧㄝˇ厚ㄏㄡˋ度ㄉㄨˋ也ㄧㄝˇ比ㄅㄧˇ較ㄐㄧㄠˋ薄ㄅㄠˊ。牠ㄊㄚ的ㄉㄜ˙背ㄅㄟˋ鰭ㄑㄧˊ和ㄏㄜˊ臀ㄊㄨㄣˊ鰭ㄑㄧˊ比ㄅㄧˇ較ㄐㄧㄠˋ接ㄐㄧㄝ近ㄐㄧㄣˋ尾ㄨㄟˇ鰭ㄑㄧˊ，還ㄏㄞˊ有ㄧㄡˇ牠ㄊㄚ的ㄉㄜ˙嘴ㄗㄨㄟˇ巴ㄅㄚ看ㄎㄢˋ起ㄑㄧˇ來ㄌㄞˊ比ㄅㄧˇ較ㄐㄧㄠˋ垂ㄔㄨㄟˊ直ㄓˊ。

斑ㄅㄢ點ㄉㄧㄢˇ長ㄔㄤˊ翻ㄈㄢ車ㄔㄜ魨ㄊㄨㄣˊ在ㄗㄞˋ國ㄍㄨㄛˊ外ㄨㄞˋ或ㄏㄨㄛˋ是ㄕˋ國ㄍㄨㄛˊ內ㄋㄟˋ，都ㄉㄡ是ㄕˋ屬ㄕㄨˇ於ㄩˊ比ㄅㄧˇ較ㄐㄧㄠˋ少ㄕㄠˇ見ㄐㄧㄢˋ的ㄉㄜ˙種ㄓㄨㄥˇ類ㄌㄟˋ。

三、曼波魚的分布位置

全世界都有曼波魚的蹤跡，台灣花蓮縣新城鄉又可說是『曼波魚的故鄉』！

(一)台灣

在台灣，曼波魚多以東部海岸最為常見，其中又以花蓮縣新城鄉的七星潭最為常見。

歡迎蒞臨

曼波新城

(二ㄦ)世ㄕ界ㄐㄧㄝ

全ㄑㄩㄢ球ㄑㄧㄡ曼ㄇㄢ波ㄅㄛ魚ㄩ分ㄈㄣ布ㄅㄨ圖ㄊㄨ

曼ㄇㄢ波ㄅㄛ魚ㄩ遍ㄅㄧㄢ佈ㄅㄨ世ㄕ界ㄐㄧㄝ各ㄍㄜ大ㄉㄚ洋ㄧㄤ， 曼ㄇㄢ波ㄅㄛ魚ㄩ生ㄕㄥ活ㄏㄨㄛ分ㄈㄣ布ㄅㄨ在ㄗㄞ熱ㄖㄜ帶ㄉㄞ海ㄏㄞ洋ㄧㄤ中ㄓㄨㄥ， 屬ㄕㄨ於ㄩ大ㄉㄚ洋ㄧㄤ性ㄒㄧㄥ洄ㄏㄨㄟ游ㄧㄡ魚ㄩ類ㄌㄟ。

棲ㄑㄧ息ㄒㄧ環ㄏㄨㄢ境ㄐㄧㄥ： 大ㄉㄚ洋ㄧㄤ、 近ㄐㄧㄣ海ㄏㄞ沿ㄧㄢ岸ㄢ

棲ㄑㄧ息ㄒㄧ深ㄕㄣ度ㄉㄨ： 0 ～ 300公ㄍㄨㄥ尺ㄔ

世ㄕ界ㄐㄧㄝ分ㄈㄣ布ㄅㄨ： 全ㄑㄩㄢ球ㄑㄧㄡ性ㄒㄧㄥ（ 所ㄙㄨㄛ以ㄧ不ㄅㄨ同ㄊㄨㄥ國ㄍㄨㄛ家ㄐㄧㄚ才ㄘㄞ會ㄏㄨㄟ有ㄧㄡ不ㄅㄨ同ㄊㄨㄥ名ㄇㄧㄥ稱ㄔㄥ呀ㄧ）

棲ㄑㄧ所ㄙㄨㄛ生ㄕㄥ態ㄊㄞ： 大ㄉㄚ洋ㄧㄤ性ㄒㄧㄥ表ㄅㄧㄠ層ㄘㄥ魚ㄩ類ㄌㄟ。 獨ㄉㄨ游ㄧㄡ或ㄏㄨㄛ成ㄔㄥ對ㄉㄨㄟ游ㄧㄡ泳ㄩㄥ， 有ㄧㄡ時ㄕ匯ㄏㄨㄟ集ㄐㄧ一ㄧ小ㄒㄧㄠ群ㄑㄩㄣ。 行ㄒㄧㄥ動ㄉㄨㄥ遲ㄔ緩ㄏㄨㄢ， 常ㄔㄤ側ㄘㄜ臥ㄨㄛ於ㄩ水ㄕㄨㄟ面ㄇㄧㄢ而ㄦ隨ㄙㄨㄟ波ㄅㄛ逐ㄓㄨ流ㄌㄧㄡ， 或ㄏㄨㄛ正ㄓㄥ常ㄔㄤ游ㄧㄡ泳ㄩㄥ於ㄩ表ㄅㄧㄠ水ㄕㄨㄟ面ㄇㄧㄢ， 露ㄌㄨ出ㄔㄨ背ㄅㄟ鰭ㄑㄧ， 亦ㄧ能ㄋㄥ潛ㄑㄧㄢ入ㄖㄨ百ㄅㄞ米ㄇㄧ之ㄓ深ㄕㄣ水ㄕㄨㄟ中ㄓㄨㄥ。

四、曼波魚的構造

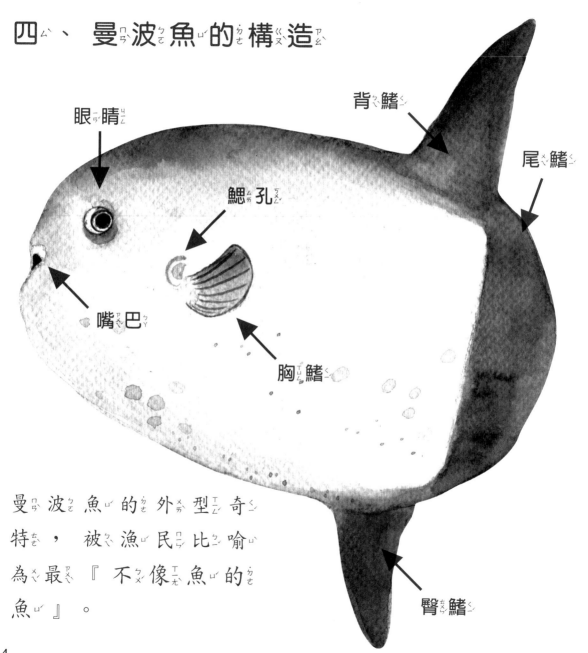

眼睛

背鰭

尾鰭

鰓孔

嘴巴

胸鰭

臀鰭

曼波魚的外型奇特，被漁民比喻為最『不像魚的魚』。

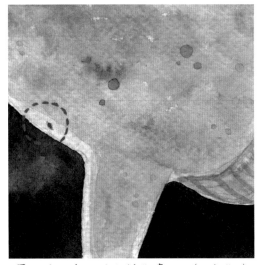 

曼波魚的精囊（公）　　　　　曼波魚的泄殖孔

◎ 身體：牠的身體體高而側扁，呈卵圓形，沒有尾柄。

◎ 嘴巴：嘴巴很小，位於身體端位；上下頜各具一喙狀齒板，無中央縫。

◎ 眼睛：眼睛小，位於身體上側位，眼間隔突起。

◎ 鰓孔：鰓孔很小，位於胸鰭基底前方。

(鯊魚是鰓裂，吳郭魚類是鰓蓋，曼波魚則是鰓孔)

◎ 體表：體和鰭均粗糙，具棘狀或粒狀突起；沒有側線。

15

◎ 魚鰭： 各功能如下表

名稱	描述	功能
背鰭	高大呈鐮刀形	與臀鰭一起負責前進功能，魚鰭與魚身體的連接是靠肌肉韌帶，魚鰭的擺動也是依靠韌帶擺動前進。
臀鰭	背鰭同形且相對	與背鰭一起負責前進功能，魚鰭與魚身體的連接是靠肌肉韌帶，魚鰭的擺動也是依靠韌帶擺動前進。
尾鰭	背鰭與臀鰭鰭條向後延伸至體末端相連而形成一圓形(pseudo-caudal fin)或稱舵鰭(clavus)	與船的舵功能一樣掌控方向。
胸鰭	短小，圓形，胸鰭基部橫行，並不垂直	負責左右轉彎、平衡。
腹鰭	沒有腹鰭	

16

五、 曼波魚的生活習性

曼波魚被稱為『太陽魚』，那是因為漁民常常看到牠平躺在海面上曬太陽。 而被稱為『月亮魚』，那是因為夜晚時，牠平躺海面上，身體會有一種會發光的寄生蟲，加上牠圓滾滾身體，漁民從遠方看到，就好像是在海中發光的月亮一般呢！

17

據估計，曼波魚身上的寄生蟲有五十種以上！其中又以Mola mola種類的曼波魚身上的寄生蟲最多！

根據慈濟大學張永州教授的推測，曼波魚之所以會喜歡平躺在海面上，可能有三種原因：

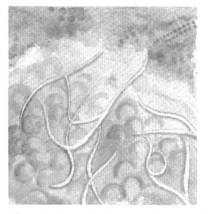

曼波魚體內的寄生蟲

1 利用太陽的熱度，殺死寄生蟲，就好像曬棉被一樣。

2 曬太陽，能夠增加腸胃蠕動，促進消化！

3 平躺在海面上，能夠吸引海鳥過來，啄食牠身上的寄生蟲。

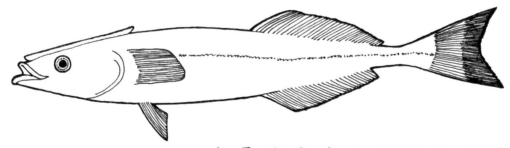

吸附在曼波魚身上的寄生蟲(鯽魚)

六、 曼波魚的進化

　　像謎一般的魚，吸引著科學家去發掘。人類對曼波魚的瞭解十分有限，我們還不確切地瞭解牠在哪裡產卵？在哪裡生長？甚至不瞭解牠從哪裡游來？有些科學家將發射器植入曼波魚的身體，利用衛星導航系統(GPS)記錄牠的行蹤。但是一直到現在都還沒有一個完整的結論。

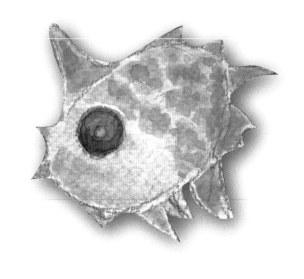

曼波魚小的時候和長大的樣子相差很大。小時候的曼波魚，生長在海底，這時候牠沒有成魚的模樣，很像是吹了氣的河豚，身上有許多的刺，沒有正常的魚鰭，眼睛和嘴巴也沒有完全的長成。直到牠慢慢的長大後，身上的尖刺慢慢的消失，並長出奇怪的尾鰭，眼睛和嘴巴也慢慢成長完善！

曼ㄇㄢ波ㄅㄛ魚ㄩˊ的ㄉㄜ大ㄉㄚˋ腦ㄋㄠˇ比ㄅㄧˇ橡ㄒㄧㄤˋ皮ㄆㄧˊ擦ㄘㄚ還ㄏㄞˊ小ㄒㄧㄠˇ

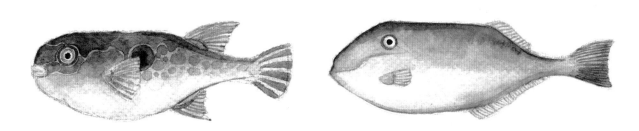

曼ㄇㄢ波ㄅㄛ魚ㄩˊ的ㄉㄜ親ㄑㄧㄣ戚ㄑㄧ──河ㄏㄜˊ豚ㄊㄨㄣˊ(左ㄗㄨㄛˇ)、剝ㄅㄛ皮ㄆㄧˊ魚ㄩˊ(右ㄧㄡˋ)

七、 曼波魚的食物

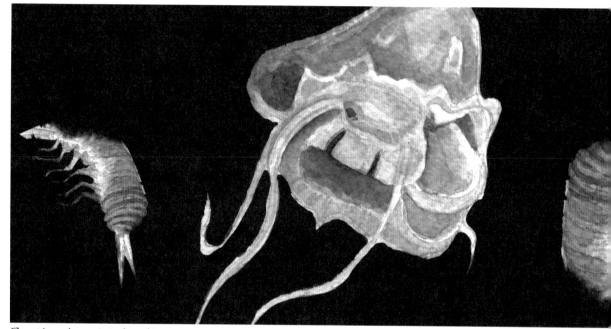

曼波魚的食物── 水母、 浮游甲殼類

漁民說， 被曼波魚咬到的感覺好像是被椰頭打到一樣呢！

曼波魚雖然體積很大， 但卻是一種很溫馴的動物， 牠不會主動攻擊其他的生物， 游泳的樣子也十分有趣可愛。 曼波魚主要是以水母、 小魚、 小蝦以及浮

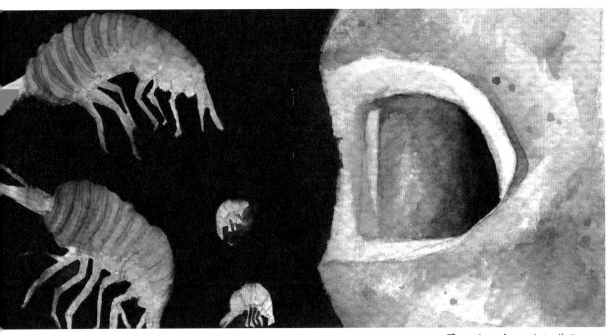

曼波魚的嘴巴

游生物為食物，而海洋中的黑潮會帶來豐富的魚群及浮游生物，因此牠也會隨著黑潮而改變牠的生活區域。因為牠的飲食習慣，所以牠的嘴巴沒有尖銳的牙齒，而變成『齒板狀』，用吸入的方式吸進水母或是海中的浮游生物。

八、曼波魚的天敵

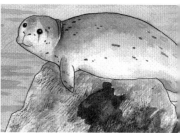

溫馴的曼波魚，常是鯊魚的口下祭品。曼波魚的天敵主要是鯊魚和海豹、海獅，牠們會在海裡用極快的速度接近曼波魚，然後咬住牠，漁民們常常捕到被鯊魚攻擊過後的曼波魚，牠們的魚鰭上常常會有鯊魚咬過的痕跡。

九ㄐㄧㄡˇ、 世ㄕˋ界ㄐㄧㄝˋ之ㄓ最ㄗㄨㄟˋ

曼ㄇㄢˋ波ㄅㄛ魚ㄩˊ擁ㄩㄥˇ有ㄧㄡˇ兩ㄌㄧㄤˇ項ㄒㄧㄤˋ世ㄕˋ界ㄐㄧㄝˋ之ㄓ最ㄗㄨㄟˋ唷ㄛ！

曼ㄇㄢˋ波ㄅㄛ魚ㄩˊ的ㄉㄜ˙骨ㄍㄨˇ骼ㄍㄜˊ構ㄍㄡˋ造ㄗㄠˋ

(一ㄧ)曼ㄇㄢˋ波ㄅㄛ魚ㄩˊ是ㄕˋ世ㄕˋ界ㄐㄧㄝˋ上ㄕㄤˋ體ㄊㄧˇ重ㄓㄨㄥˋ最ㄗㄨㄟˋ大ㄉㄚˋ的ㄉㄜ˙硬ㄧㄥˋ骨ㄍㄨˇ魚ㄩˊ

世ㄕˋ界ㄐㄧㄝˋ上ㄕㄤˋ發ㄈㄚ現ㄒㄧㄢˋ到ㄉㄠˋ最ㄗㄨㄟˋ大ㄉㄚˋ的ㄉㄜ˙曼ㄇㄢˋ波ㄅㄛ魚ㄩˊ， 是ㄕˋMola mola種ㄓㄨㄥˇ類ㄌㄟˋ的ㄉㄜ˙曼ㄇㄢˋ波ㄅㄛ魚ㄩˊ， 是ㄕˋ目ㄇㄨˋ前ㄑㄧㄢˊ為ㄨㄟˊ止ㄓˇ發ㄈㄚ現ㄒㄧㄢˋ到ㄉㄠˋ世ㄕˋ界ㄐㄧㄝˋ上ㄕㄤˋ體ㄊㄧˇ重ㄓㄨㄥˋ最ㄗㄨㄟˋ大ㄉㄚˋ的ㄉㄜ˙硬ㄧㄥˋ骨ㄍㄨˇ魚ㄩˊ， 記ㄐㄧˋ錄ㄌㄨˋ體ㄊㄧˇ重ㄓㄨㄥˋ為ㄨㄟˊ2235公ㄍㄨㄥ斤ㄐㄧㄣ， 長ㄔㄤˊ度ㄉㄨˋ為ㄨㄟˊ3.1公ㄍㄨㄥ尺ㄔˇ高ㄍㄠ度ㄉㄨˋ為ㄨㄟˊ3.5公ㄍㄨㄥ尺ㄔˇ。

(二)世界上產卵最多的魚類

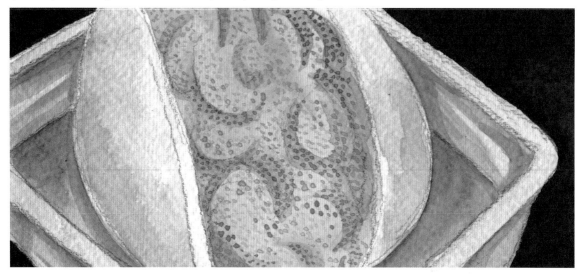

曼波魚的卵巢及卵

曼波魚是生活在海洋中產卵最多的魚類，一條魚能夠產下三億多粒卵！如果這些卵都能夠存活的話，那麼海洋一定都變成了曼波魚的世界了！可惜的是，能夠長成成魚的小曼波魚只有少數而已！這也是為什麼曼波魚智商那麼低，游泳那麼慢，卻沒有從世界上滅絕的原因：因為牠產的卵很多很多，所以不容易絕種！

十、 漁民 vs 曼波魚

對人們來說是可愛的動物， 對漁民來說是珍貴的魚貨。

（一） 捕捉

漁民是如何捕曼波魚呢？ 是利用定置網！在花蓮， 大部分的漁貨都是用定置漁網捕獲的。 定置漁場就在距離海岸不遠的幾十公尺處。 因為花蓮海岸地形特殊， 距離海岸不遠處就非常深， 所以是發展定置漁業的天然漁場。 因為這裡的海域深， 在海邊就有定置漁網， 海域同時又有黑潮經過， 有豐富的浮游生物， 所以曼波魚就隨著黑潮游過來， 然後， 游至定置漁網。

01 定_{ㄉㄧㄥ}置_ㄓ漁_ㄩ場_{ㄔㄤ}

02 漁_ㄩ船_{ㄔㄨㄢ}捕_{ㄅㄨ}曼_{ㄇㄢ}波_{ㄅㄛ}

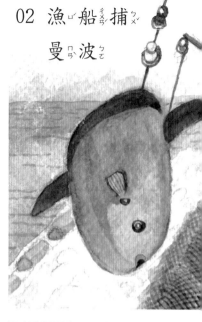

04 運_{ㄩㄣ}送_{ㄙㄨㄥ}到_{ㄉㄠ}海_{ㄏㄞ}岸_ㄢ

05 曼_{ㄇㄢ}波_{ㄅㄛ}魚_ㄩ上_{ㄕㄤ}岸_ㄢ

03 利^{ㄌㄧ}用^{ㄩㄥ}快^{ㄎㄨㄞ}艇^{ㄊㄧㄥ}運^{ㄩㄣ}送^{ㄙㄨㄥ}

06 用^{ㄩㄥ}怪^{ㄍㄨㄞ}手^{ㄕㄡ}搬^{ㄅㄢ}運^{ㄩㄣ}

（二ㄦ）漁民對於曼波魚的喜惡

漁民到底喜不喜歡曼波魚呢？早期曼波魚的利用率非常的低，漁民在海上捕到曼波魚時，只把曼波魚的腸子給取出，因為那時候的人只會料理曼波魚的腸子，他們稱曼波魚的腸子為『龍腸』，而ㄦ曼波魚的皮又厚，又硬，其餘的部分被漁民認為是完全沒有利用價值，所以漁民都不太喜歡捕到曼波魚！

另外還有一個原因：因為鯊魚是曼波魚的天敵，所以有時候曼波魚出現在海中時，會引來很多的鯊魚來吃牠，鯊魚一來，很多的魚群就會跑走！於是，漁民就沒辦法捕到其他的魚了！當然漁獲量也就會減少許多！

現在的曼波魚可是鹹魚大翻身唷！漁民不但不討厭曼波魚，反而更愛牠喔！那是因為曼波魚經過發現，牠的曼波魚肉含水量90％，無膽固醇，也具有高膠原蛋白，骨頭含豐富鈣質，另有高量的DHA等。加上現在又發展出許多不同的料理方法，因此曼波魚可以說是高經濟價值的一種魚類呢！

小朋友們，下次來到花蓮，別忘了到七星潭看看漁民捕魚，順便品嘗曼波魚食品喔！

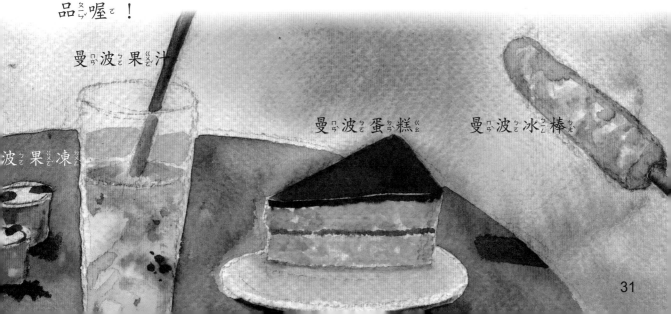

曼波果汁

曼波蛋糕　　　曼波冰棒

波果凍

童盟國06　PG0626

新銳文創　謎樣的魚
INDEPEDENT & UNIQUE　——曼波魚

策劃單位	教育部電子計算機中心
執行單位	花蓮縣數位機會中心、新城數位機會中心
企　　畫	黃文樞、須文蔚
統　　籌	黃木蘭
主　　編	吳貞育、陳啟民
編輯委員	陳恆鳴、陳定強、陳麗婷
插　　畫	木田工廠、李采容
責任編輯	林千惠
圖文排版	蔡瑋中
封面設計	王嵩賀
語音監製	黃凱昕
語音錄製	吳晶茹、潘嘉鴻
語音後製	涂蕙雯
動畫設計	木田工廠

製作發行	秀威資訊科技股份有限公司
	114 台北市內湖區瑞光路76巷65號1樓
	電話：+886-2-2796-3638　傳真：+886-2-2796-1377
	服務信箱：service@showwe.com.tw
	http://www.showwe.com.tw
郵政劃撥	19563868　戶名：秀威資訊科技股份有限公司
展售門市	國家書店【松江門市】
	104 台北市中山區松江路209號1樓
	電話：+886-2-2518-0207　傳真：+886-2-2518-0778
網路訂購	秀威網路書店：http://www.bodbooks.com.tw
	國家網路書店：http://www.govbooks.com.tw
法律顧問	毛國樑　律師
圖書經銷	貿騰發賣股份有限公司
	235 新北市中和區中正路880號14樓
	電話：+886-2-8227-5988　傳真：+886-2-8227-5989

出版日期	2012年1月　一版
定　　價	220元

讀者回函卡

感謝您購買本書，為提升服務品質，請填妥以下資料，將讀者回函卡直接寄回或傳真本公司，收到您的寶貴意見後，我們會收藏記錄及檢討，謝謝！

如您需要了解本公司最新出版書目、購書優惠或企劃活動，歡迎您上網查詢或下載相關資料：

http:// www.showwe.com.tw

您購買的書名：＿＿＿＿＿＿＿＿＿＿＿＿＿＿＿＿＿＿＿＿＿＿＿＿＿＿＿＿＿＿

出生日期：＿＿＿＿＿年＿＿＿＿＿月＿＿＿＿＿日

學歷：□高中 (含) 以下　　□大專　　□研究所 (含) 以上

職業：□製造業　□金融業　□資訊業　□軍警　□傳播業　□自由業　□服務業　□公務員　□教職
　　　□學生　　□家管　　□其它＿＿＿＿＿＿＿＿＿＿＿＿＿＿＿＿＿＿

購書地點：□網路書店　□實體書店　□書展　□郵購　□贈閱　□其他

您從何得知本書的消息？

　　□網路書店　□實體書店　□網路搜尋　□電子報　□書訊　□雜誌　□傳播媒體　□親友推薦

　　□網站推薦　□部落格　　□其他＿＿＿＿＿＿＿＿＿＿＿＿＿＿＿＿＿

您對本書的評價：（請填代號　1.非常滿意　2.滿意　3.尚可　4.再改進）

　　封面設計＿＿＿＿　版面編排＿＿＿＿　內容　＿＿＿＿　文／譯筆＿＿＿＿　價格＿＿＿＿

讀完書後您覺得：

　　□很有收穫　□有收穫　□收穫不多　□沒收穫

對我們的建議：＿＿＿＿＿＿＿＿＿＿＿＿＿＿＿＿＿＿＿＿＿＿＿＿＿＿＿＿＿

＿＿＿＿＿＿＿＿＿＿＿＿＿＿＿＿＿＿＿＿＿＿＿＿＿＿＿＿＿＿＿＿＿＿＿＿＿＿

＿＿＿＿＿＿＿＿＿＿＿＿＿＿＿＿＿＿＿＿＿＿＿＿＿＿＿＿＿＿＿＿＿＿＿＿＿＿

＿＿＿＿＿＿＿＿＿＿＿＿＿＿＿＿＿＿＿＿＿＿＿＿＿＿＿＿＿＿＿＿＿＿＿＿＿＿

11466
台北市內湖區瑞光路 76 巷 65 號 1 樓

秀威資訊科技股份有限公司　　　收

BOD 數位出版事業部

....

（請沿線對折寄回，謝謝！）

姓　　名：_____　年齡：_____　性別：□女　□男

郵遞區號：□□□□□

地　　址：_____

聯絡電話：(日) _____ (夜) _____

E-mail：_____